{SALAD   SALAD   SALAD SALAD}

SALAD

Salad:
瘦身沙拉

Salad:
瘦身沙拉

{ SALAD SALAD SALAD SALAD }
SALAD

Salad:
瘦身沙拉

怎麼吃也不怕胖的沙拉和瘦身食物

QUICK009

蔬果美食營養專家郭玉芳　著

專業營養師黃熙君　審定

foreword:
窈窕健康吃沙拉

foreword

你知道嗎，滿滿的、色彩繽紛的一盤生菜，熱量不到100卡，還不及半碗飯的熱量。這就是我想製作「瘦身沙拉」的原因。

「瘦身沙拉」？聽起來像是一種不可思議的名詞，因爲大部分的人都知道沙拉醬含有很高的油脂和熱量，但是其實只要掌握住調製沙拉醬的訣竅，聰明的選擇與搭配各式蔬菜水果，吃沙拉不但能瘦身，還能永保健康呢！

現在就讓我們來掌握聰明吃沙拉瘦身的3大訣竅。

1.顏色豐富最營養，點綴堅果更可口

美國國家癌症研究所提倡多吃深綠色蔬菜，它們和十字花科類蔬菜（青花菜、甘藍、蘿蔔、包心菜）都是最好的抗癌蔬菜。沙拉盤中多選擇紅黃綠色的萵苣、蕃茄、彩椒、胡蘿蔔，甚至紫色的包心菜等，不僅賞心悅目，且豐富多變的口感更會讓人較不需要倚賴沾醬，直接吃也不難吃喔！別忘了最後在沙拉盤上適當的點綴幾顆堅果，也是兼具好口感好外觀又好營養的優點。

2.海鮮、白肉和澱粉類主食可增加飽足感

海鮮和白肉的熱量不高，且含有豐富的營養成份，如鮭魚、鮪魚等深海魚類所含的Omega-3脂肪酸對心臟很有幫助，雞肉的蛋白質含量也很豐富，且肉類較容易讓人有飽脹感。而加入馬鈴薯、山藥的沙拉則可取代米飯類成爲主食，

中餐來一客馬鈴薯沙拉也是不錯的選擇。別以爲馬鈴薯的熱量很高，它只有一半米飯的熱量。至於通心粉和麵包的熱量就較高了，要小心！

3.慎選醬汁，既健康又瘦身

一般而言，沙拉醬不脫兩大類，即美乃滋類乳化醬和液體的油醋汁類，國人比較習慣於甜甜酸酸的美乃滋類沙拉醬，但美乃滋主要是以蛋黃和沙拉油爲原料，卡洛里及膽固醇的含量都極高，建議食用時不要把醬汁直接淋在沙拉上，才不會淋多少就吃多少，不知不覺吃得太多醬汁了。

油醋汁類則是低卡又健康的醬汁，由各種健康的油（如橄欖油、葵花油、葡萄籽油等）和各式的醋（如白酒醋、紅酒醋、蘋果醋等）搭配而成，還可以加入各式香料，口味多變，所謂的地中海式健康飲食，就是強調油醋汁。

salad salad salad salad

有沒有覺得生在台灣這個有著豐富蔬菜水果的美麗島嶼實在是件幸福的事，就讓我們來個蔬菜水果大配對，幸福的製作窈窕健康沙拉吧！

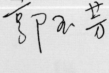

contents:
瘦身沙拉目錄

contents

PART THREE
怎麼吃也不怕胖的沙拉

salad salad salad salad

{ SALAD SALAD SALAD SALAD }
SALAD

PART ONE:
懶人吃沙拉，
低卡又健康

part one

salad salad salad salad

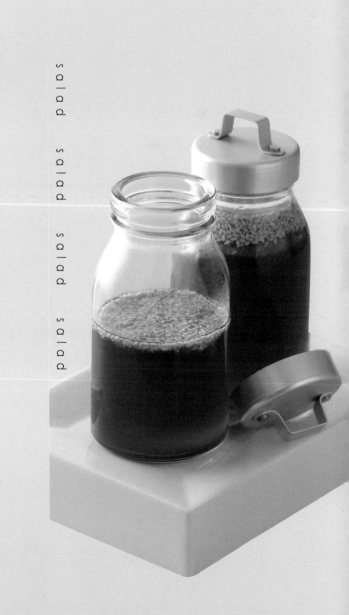

現成醬汁及沙拉食材介紹

較大型的超市或百貨公司的超級市場裡，都有賣這些瓶瓶罐罐的懶人調味料；選個幾瓶，就可以在家輕鬆做出好吃的超人氣沙拉，很有成就感喔！

❶ 市售沙拉醬：千島醬、一般沙拉醬、低脂沙拉醬。

❷ 法式傳統芥子醬：低脂輕熱量，適合各種鮮蔬、雞肉、海鮮材料搭配。

❸ 和風沙拉醬汁：輕脂低熱量、適合雞肉、牛肉、海鮮、蔬菜。

❹ 義式油醋醬汁：輕脂低熱量、口味較清淡。適合任何肉類、海鮮、蔬菜。

❺ 紅酒醋：味道較濃郁，適合用在油醋沙拉醬。與牛肉類、蔬菜口味較合。

❻ 白酒醋：適合用在油醋沙拉醬汁，與雞肉、海鮮、蔬果口味較合。

❼ 葡萄柚醋：略帶柚子香味，可用於各種沙拉醬，搭配各種材料都適宜。

❽ 蘋果醋：帶有果香味，口味比較清淡，可用於各種沙拉醬上，適合各種蔬材。

❾ **香料酸黃瓜**：歐洲、地中海國家常用於沙拉、冷前菜和開胃菜搭配。因含有香料，口感較美式整條酸黃瓜清爽好吃。

❿ **法式芥末醬**：口感較綠色芥末醬溫和柔順。適合與肉類一起享用。

⓫ **日式柴魚醬油**：天然發酵，須放冰箱冷藏。適合各種料理。

⓬ **日式芥末醬**：適用各種日式料理或和風沙拉。

⓭ **橄欖油**：含橄欖果仁香味，可預防各種心血管的疾病，適用於沙拉和低溫烹煮。

⓮ **葡萄籽油**：含抗老化和癌症的抗氧化元素。適用沙拉和低溫烹煮，味道清淡。

⓯ **橄欖罐頭**：歐洲、地中海區域國家常做為沙拉、披薩、食物烹煮的材料。

⓰ **酸豆**：歐洲常用於沙拉中，或和白肉、魚肉一起烹煮，口感帶酸。

⓱ **黑胡椒粉**：可直接調味，口味重，偏美式口味。

⓲ **三色胡椒粒**：須用研磨器現磨，口感高雅清淡，歐洲地中海沿岸人民家家必備。

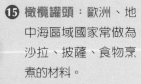

⑲ 各式乾燥香料：小茴香適合沙拉、牛羊肉食物。百里香適合沙拉、肉類和海鮮。

⑳ 義大利綜合香料：地中海口味，適合各種義大利食物、湯品和沙拉、披薩。

㉑ 新鮮薄荷葉：適合用於飲料、沙拉、海鮮和雞肉。

㉒ 新鮮百里香：適合用於沙拉、牛羊豬肉、海鮮和魚。

㉓ 新鮮巴西里：適合用於湯、沙拉和主菜裝飾。

㉔ 香料起士條：以刨刀刨出小起士絲，搭配略苦的生菜非常好吃喔！

㉕ 煙燻乳酪：可搭配各式生菜及紅酒享用。

聰明運用工具及食材

　　瀝水盆、調理機、刨刀和磨泥板都是在家做沙拉不可少的工具，有了這四寶，製作沙拉省時又省力。

■**調理機（磨粉攪泥杯）**：可用來攪拌沙拉和磨粉，每次份量以不超過1/3杯最佳。

1　將材料倒入杯內。

2　蓋上杯蓋打成泥狀即可。

注意：新鮮水果最好先去皮切小塊冷凍成小冰塊，攪拌沙拉時，因機器快速攪動，會產生馬達的溫度，易將蔬果中天然的維生素破壞，建議冷凍後再製作沙拉，健康又保鮮。

■**瀝水盆**：可迅速瀝出蔬果多餘的水份。

1　放入洗淨的材料，不要放太滿。

2　蓋上蓋子操作瀝去水份即可。

注意：生食蔬菜在最後一次清洗時應用冷開水，或過濾水才衛生。

■**巧用檸檬，讓沙拉更好吃：**

A.檸檬冰水：

1　利用檸檬汁泡蘋果或其他蔬果，可減少氧化變色，並增口感上的鮮脆和香味。

2　檸檬以叉子轉壓，再將汁液擠入冰水中。

3　放入剩下的檸檬皮，可增加冰水的香味，使蔬果吸收到清香味。

B.檸檬泥：可增加沙拉的香味。用磨泥板磨下檸檬綠色部份，白膜有苦味。

C.刨檸檬皮屑：用在沙拉和飲料上使用，可增加口感並安撫情緒。

沙拉醬汁DIY Top10

想要享受優雅餐廳的口味，卻不需花太多的費用，就自己來做醬汁吧！

提醒你：許多醬汁卡洛里都挺高的，如塔塔醬（以及本書中因熱量高做法複雜而沒有介紹的凱薩沙拉醬）請盡量節制，以下的排列是由熱量低的往下排……

水果沙拉醬

A香芒水果　（每份：280g．卡洛里：49Kcal）

材料：

芒果100g．　香吉士1粒　檸檬1/4粒

B木瓜水果　（每份：200g．卡洛里：41Kcal）

材料：

木瓜50g．　哈密瓜50g．　芒果50g．　水蜜桃50g．

做法：

1. 所有的材料都去皮、去籽、切小塊，放入冰箱冷凍2小時。

2. 以調理機攪成泥狀，放入冰箱冷藏，2天保鮮期內食用完最佳。

最速配：可搭配雞肉、海鮮、蔬菜、水果，具健康概念。

酪梨健康沙拉醬

（每份：200g．卡洛里：57Kcal）

材料：

酪梨100g．　新鮮山藥50g．　芒果50g．

檸檬皮泥適量

做法：

1. 酪梨、山藥、芒果洗淨，切小塊。

2. 酪梨、山藥、芒果放入調理機攪拌成果泥狀，加入檸檬皮泥拌勻即成，放入冰箱冷藏，3天保鮮期內食用完最佳。

最速配：

● 可搭配麵包、水果、蔬菜、雞肉、海鮮。

● 如遇芒果產期已過，可用香吉士1粒或現成水蜜桃罐頭50g. 代替．酪梨可用蘋果、奇異果或木瓜代替。

③ 法式香料油醋

（每份：230g． 卡洛里：67Kcal）

材料：

(A) 酸豆1大匙　酸黃瓜3片　法式芥末醬1大匙

(B) 義大利綜合香料1小匙

(C) 蔓越莓汁1大匙　葡萄柚醋1大匙　檸檬1粒
　　冷開水50c.c.　橄欖油1大匙

做法：

1. 酸黃瓜切細末和酸豆、芥末醬和義大利綜合香料拌勻。

2. 檸檬切開用叉子轉擠汁液一同拌勻。

3. 加入其餘(C)料拌勻，可放入冰箱中冷藏，3天保鮮期內食
　用完最佳。

最速配： 可搭配雞肉、海鮮、蔬菜

④ 薄荷檸檬油醋

（每份：250g． 卡洛里：117Kcal）

材料：

新鮮薄荷葉10片　檸檬1粒　白酒醋1大匙
葡萄柚醋1大匙　果糖2大匙　冷開水1/2杯
橄欖油1大匙

做法：

1. 薄荷葉洗淨、瀝乾水份。

2. 檸檬洗淨，以刨刀削下綠皮部份，將檸檬皮和薄荷葉一
　起切碎，放入乾淨的碗中。

3. 切開檸檬，用叉子轉擠汁液入碗中，加入其他的材料拌
　勻即成，可放入冰箱中冷藏，3天保鮮期內食用完最佳。

最速配： 可搭配牛肉、海鮮、蔬菜。

⑤ 和風芝麻醬汁

（每份：150g． 卡洛里：72Kcal）

材料：

日式柴魚醬油50c.c.　熟芝麻2大匙　葡萄柚醋1大匙
檸檬汁各1大匙　新鮮金桔汁4粒　新鮮蘋果泥1大匙

做法：

1. 芝麻裝入塑膠袋中，平鋪在桌面上，用瓶子滾動壓碎。

2. 全部材料加入芝麻拌勻即成，放入冰箱冷藏，5天保鮮期
　內食用完最佳。

最速配：

● 搭配生食牛肉、魚、海鮮、各種蔬菜，也可用做涮涮鍋的
沾料。

● 喜吃辣食者可隨意加入芥末或辣椒醬或切碎的韓國泡菜。

抹茶蜜汁醬

（每份：150g. 卡洛里：88Kcal）

材料：

蜂蜜2大匙　鮮奶100c.c.　抹茶粉10g.

做法：

1.全部材料充分拌勻，放置冰箱冷藏。

2.三天保鮮期內食用完最佳。

最速配：搭配水果、山藥、蔬菜、雞肉、具美白抗老化的效果。

義式紅醋

（每份：250g. 卡洛里：168Kcal）

材料：

(A)大蒜1/2粒　紅蔥5g.　酸黃瓜2片
　　西洋芹5g.　新鮮巴西里少許
　　熟核桃果1粒

(B)紅酒醋1大匙　現成葡萄柚汁50c.c.
　　蔓越莓汁50c.c.　葡萄柚醋1大匙
　　檸檬汁1大匙　橄欖油2大匙

(C)現磨三色胡椒粒粉少許　鹽1/4小匙

做法：

1.(A)料的西洋芹和巴西里洗淨瀝乾
　水份，和大蒜、紅蔥、酸黃瓜、核
　桃果一起切成細末。

2.加入(C)料拌勻，再加入(B)料攪
　拌均勻即成，可放入冰箱中冷藏，
　3天保鮮期內食用完最佳。

最速配：可搭配牛肉、雞肉、海鮮、
蔬菜或法國麵包。

8 百里香檸檬醋

（每份：230g. 卡洛里：178Kcal）

材料：

(A) 新鮮百里香2支　檸檬1粒

(B) 現榨葡萄柚汁100c.c.　白酒醋1大匙　果糖1大匙

(C) 葡萄籽油2大匙

做法：

1.百里香洗淨瀝乾水份，檸檬切開用叉子轉擠汁液。

2.加入(B)料拌勻倒入乾淨的容器中，加入檸檬汁，放入百里香浸泡片刻即成，可放入冰箱中冷藏，5天保鮮期內食用完最佳。

最速配：可搭配雞肉、海鮮、菇菌類或蔬菜、馬鈴薯。

9 蔓越莓優格沙拉醬

（每份：130g. 卡洛里：190Kcal）

材料：

原味低脂低糖優格100g.　蔓越莓果乾1/2杯
新鮮檸檬連皮2小片

做法：

1.全部材料放入調理機中攪拌40秒即成，果乾不需攪太細，可保留果粒的口感。

2.放入冰箱中冷藏，2天保鮮期內食用完最佳。

最速配：可搭配水果、蔬菜、海鮮或麵包、餅乾，具瘦身美容和預防泌尿感染。

10 塔塔醬

（每份：150g. 卡洛里：236Kcal）

材料：

市售沙拉醬100g.　酸黃瓜1片　芹菜少許　蘋果泥1大匙
檸檬汁1大匙　熟白芝麻粒1小匙
黑胡椒粉1/8小匙　檸檬皮泥1小匙

做法：

1.酸黃瓜、芹菜切成細末。

2.全部材料拌勻即成，放入冰箱冷藏，3天保鮮期內食用完最佳。

最速配：可搭配日式炸豬排、炸海鮮、蔬菜、水果。

{ SALAD SALAD SALAD SALAD SALAD }

PART TWO:
低熱量瘦身食材排行榜

part two

salad salad salad salad

100g
14Kcal

Celery

100g
14Kcal

Lettuce

西洋芹

================

- ●**營養素**：含粗纖維、維生素A、B、C鉀、鈣、鎂、磷、鋅和水份。
- ●**宜忌**：忌腸虛腹瀉、手腳冰涼者，洗腎者、黑斑者。
- ●**功效**：性寒，清腸胃助消化，可補充鈣質。豐富的纖維質，加強排除體內廢物、降低膽固醇，預防便祕，促進水份排出。
- ●**適合對象**：宜肥胖、經常性便祕者。
- ●**選購訣竅**：顏色青綠、不枯黃。

大陸妹萵苣

================

- ●**營養素**：含維生素A、C、鉀、鈣、鎂、鐵、鋅。
- ●**宜忌**：忌腸虛腹瀉者。
- ●**功效**：性涼，清熱利五臟、促進毛髮及皮膚新陳代謝，防止皮膚乾燥、毛髮脫落。促血液循環，貧血者食之能促進造血。
- ●**適合對象**：宜各種體質，尤其是哺乳婦女。
- ●**選購訣竅**：選擇不枯黃，新鮮者。

Kombu

Gherkins

海帶芽

小黃瓜

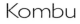

- ●**營養素**：含鈉、鉀、鈣、鎂、磷、菸鹼素、葉酸、 維生素A和水份。
- ●**宜忌**：忌甲狀腺機能亢進者。
- ●**功效**：促進血液中三酸甘油脂代謝，降低過高的膽固醇，可預防動脈硬化、心臟病，穩定血壓。含黏液質高，可滋潤肌膚，預防女性缺鐵性貧血。
- ●**適合對象**：適合控制體重及虛陰體質者。
- ●**選購訣竅**：選擇顏色鮮亮。

- ●**營養素**：含維生素C、鈉、鉀、鎂和水份。
- ●**宜忌**：忌體質虛寒、腸胃較虛弱者、生理期經痛者。
- ●**功效**：性寒，具有調節體溫，供給細胞水份的功能。可利尿、美白肌膚、止渴解熱消暑，美容養顏。
- ●**適合對象**：宜肥胖、高血壓、易長青春痘、體質燥熱易便祕者。
- ●**選購訣竅**：選擇翠綠色、質地堅硬。

100g
16Kcal

Alligator pear

Chicory

100g
16Kcal

酪梨

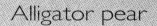

- **營養素**：含維生素A、C、菸鹼素，鉀、鈣、鎂、鐵、鋅、纖維和水份。
- **宜忌**：忌控制體重及需要限制脂肪攝取者。
- **功效**：美膚養顏，抗老化，可降低血液中膽固醇含量，預防心肌梗塞、中風，改善C型肝炎所引起的肝損傷。
- **適合對象**：適合嬰兒、小孩、運動員。
- **選購訣竅**：摸起來嫩軟已變深紫色有紅斑者。稍微堅實亮綠者，需放置室溫下等熟成後再吃。避免選擇表皮破損或有明顯黑點的。

吉康菜

- **營養素**：含維生素A、B1、B2、C、鉀、鈣、鎂、纖維和水份。
- **宜忌**：忌腸胃虛弱、手腳冰涼者、生產婦女。
- **功效**：性寒，改善皮膚粗糙、保護眼睛，增加纖維質、促進腸胃蠕動。
- **適合對象**：宜肥胖、高血壓患者、體燥熱者。
- **選購訣竅**：選擇不枯黃，新鮮者。

100g 18Kcal

Alfafa sprout

100g 18Kcal

Spinach

苜蓿芽

========================

- **營養素**：含胺基酸、酵素、維生素A、B1、B2、B6、B12、C、K、E、鈣、磷、鐵、鈉、鉀、鎂等和水份。
- **宜忌**：忌自體免疫系統疾病者，如全身性紅斑性狼瘡（SLE）。
- **功效**：降低膽固醇含量，防治動脈粥樣硬化。增加纖維質，可改善燥熱體質和便祕、高血壓、口臭、頭痛、濕疹、癌症等。
- **適合對象**：適合經常性便祕者。
- **選購訣竅**：選擇新鮮、不枯黃。未食用完，勿沾上水份，可在冰箱內存放數日。

菠菜

========================

- **營養素**：含維生素C、維生素E、β-胡蘿蔔素、葉酸、芸香素、類黃酮素等抗氧化物質，以及蛋白質、鈣、鐵、鉀。
- **宜忌**：不宜與其他高鈣食物共煮共食，會使菠菜中的草酸和鈣結合沉澱，使得人體不易吸收鈣質。
- **功效**：性涼味甘，常吃可美顏。富含葉綠素纖維，能刺激腸胃、胰腺分泌，助消化潤腸道，防治便祕。孕婦多食可預防缺鐵性貧血和新生兒先天性腦神經管缺陷。
- **適合對象**：適合貧血及懷孕初期婦女。
- **選購訣竅**：選擇菠菜時以葉片挺拔略厚、鮮翠亮麗為首要考量。

100g
21Kcal

Red cabbage

100g
22Kcal

Asparagus

紫色高麗菜

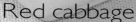

- ●**營養素**：含維生素A、C、K、B1、B2、鉀、鈣、鎂、鐵、鋅、纖維。
- ●**宜忌**：忌腸虛腹瀉者。
- ●**功效**：可改善貧血、促進腸蠕動、預防便祕、心臟病、關節炎、可解毒去感冒並抗癌，對輕微胃潰瘍及十二指腸潰瘍患者，有食療功效。
- ●**適合對象**：宜各種體質。
- ●**選購訣竅**：選擇外觀漂亮、避免已枯萎的。

蘆筍

- ●**營養素**：含維生素A、B、C、鉀、鈣、鎂、磷、鋅、葉酸和水份。
- ●**宜忌**：忌痛風病人、洗腎者。
- ●**功效**：性寒，清熱降血壓、養顏美容，可預防心臟病、癌症。
- ●**適合對象**：宜各種體質。
- ●**選購訣竅**：選擇亮綠未損傷者。

100g
22Kcal

100g
2Kcal

Sweet pepper

甜椒

============================

●**營養素**：含維生素A、B1、B6、C、鉀、鈣、磷，和菸鹼酸、葉酸。

●**宜忌**：腸胃易脹氣者勿生食。

●**功效**：性溫，潤澤毛髮肌膚、預防老化，強身抗癌，有益於養顏美容，提升免疫力，減少心臟病和中風，預防牙齦出血、防感冒。

●**適合對象**：宜各種體質。

●**選購訣竅**：選擇外觀未受損，色彩鮮明者。

Broccoli

綠椰菜

============================

●**營養素**：含纖維、維生素A、B、C、鉀、鈣、鎂、磷、鐵、鋅和水份。

●**宜忌**：忌洗腎者，甲狀腺亢進者。

●**功效**：性平，可預防各種疾病和癌症、防止骨質疏鬆、提昇免疫力，抗老化，減低結腸癌、胃癌、食道癌的發生比例。

●**適合對象**：宜各種體質，尤其預備懷孕婦女。

●**選購訣竅**：選擇深綠色，葉子不枯黃。

100g 30Kcal

Kumquat

100g 32Kcal

Tomato

金桔

- **●營養素**：含維生素A、C、鉀、鈣、鎂、磷、鋅和皮脂精油。
- **●宜忌**：忌腸胃炎、腹瀉、洗腎者。
- **●功效**：性溫，可預防疾病、止咳化痰，美膚美白、抗氧化，保護骨骼。
- **●適合對象**：宜各種體質。
- **●選購訣竅**：選擇表皮未受損。

蕃茄

- **●營養素**：含維生素C、茄紅素，果膠纖維、鉀、鈣、鎂、磷。
- **●宜忌**：忌腸胃虛弱、手腳冰涼，和偏頭痛體質者。
- **●功效**：性寒，可幫助消化、美白肌膚，預防攝護腺癌；有很強的抗氧化作用，預防及改善各種疾病有效。
- **●適合對象**：宜肥胖、高血壓、糖尿病。
- **●選購訣竅**：選顏色清亮。

100g 32Kcal

100g 32Kcal

Pea sprout

Grapefruit

豌豆苗

==================

- **營養素：**含纖維、維生素A、B、C、鈣、磷、鐵和水份。
- **宜忌：**忌痛風、腸胃虛弱腹瀉、洗腎者。
- **功效：**性寒，可幫助腸蠕動、瘦身、美麗肌膚，利尿、治便祕、神經炎及關節炎。
- **適合對象：**宜各種體質。
- **選購訣竅：**選擇新鮮、不枯黃。

葡萄柚

==================

- **營養素：**維生素A、C、鉀、葉酸、磷和水份。
- **宜忌：**葡萄柚汁忌與降血脂藥、癲癇用藥、鎮靜劑、抗組織胺、抗指趾黴菌藥及心絞痛藥一起服用。
- **功效：**性涼，能消火氣、解口乾舌燥，預防心臟病、腦中風，防止老化。其可溶性纖維可降低膽固醇、預防心血管疾病及癌症。
- **適合對象：**適合各種體質。
- **選購訣竅：**應選購果實堅實、緊緻結實者。通常輕微的變色或表皮刮傷，並不會影響到風味。

100g
33k

Guava

100g
34Kcal

Carrot

芭樂

===========

- ●**營養素**：含維生素A、B、C、鉀、鈣、鎂、磷、鋅和水份。
- ●**宜忌**：忌洗腎者、便祕及火氣大者。
- ●**功效**：性平，可預防疾病、增加纖維質，延緩血糖上升、瘦身纖體，增加抵抗力。
- ●**適合對象**：宜各種體質，尤其有感冒前兆者。
- ●**選購訣竅**：選表皮顏色較淺、果頂的殘留花萼向內收，是成熟度較好的果實。

胡蘿蔔

===========

- ●**營養素**：含維生素C、A、B、鉀、鈣、鎂、磷、鋅。
- ●**宜忌**：食用太多會造成皮膚泛黃，但停止食用後即可恢復。
- ●**功效**：性溫，預防便祕和各種疾病，改善皮膚粗糙，保護眼睛、預防夜盲症，抗氧化性強。
- ●**適合對象**：宜各種體質，熟食應結合油脂，才有益完整吸收β—胡蘿素。
- ●**選購訣竅**：選擇未受損者。

100g 37Kcal

Okra

100g 38Kcal

Mango

秋葵

●**營養素：**含蛋白質、維生素A、B、C、鉀、鈣、鎂、磷、鐵、鋅。

●**宜忌：**忌產婦、腸虛腹瀉、洗腎者。

●**功效：**性寒，可預防便祕、骨質疏鬆、美膚潤髮抗老化，能淨化腸胃道、促進新陳代謝、幫助肝臟解毒、保護胃壁健康。

●**適合對象：**宜各種體質，尤其女性。

●**選購訣竅：**選擇暗綠色，外觀完整。

芒果

●**營養素：**含醣類、維生素A、B、C、鈣、鉀、鎂和果膠纖維。

●**宜忌：**忌皮膚過敏、發炎、開刀者、肥胖者。

●**功效：**性溫，可預防便祕，益脾胃、潤澤肌膚，具抗癌及美容效果。

●**適合對象：**宜各種體質，但不可過量食用，以免皮膚變黃。

●**選購訣竅：**選購外皮橘黃到紅色，並有點軟的果實，避免選擇未熟過硬或過熟、過軟的。

100g 38Kcal

Pear

100g 39Kcal

Strawberry

水梨

========================

- **營養素**：含維生素B、C、鉀、鈣、鎂、鋅和水份。
- **宜忌**：忌腸虛脾弱易腹瀉者，生理期經痛。
- **功效**：性涼，具清肺解熱、潤腸解便、鎮咳化痰，有助於維持心臟、血管功能，保持血壓正常，去除體內毒素及廢物。
- **適合對象**：宜體熱、便祕、熱咳者。
- **選購訣竅**：選購時要注意果實堅實但不可太硬。並避免買到皮皺皺的、或皮上有斑點的果實。

草莓

========================

- **營養素**：含維生素C、維生素A、維生素B2、菸鹼酸、維生素B6、鈉、鉀、鈣、鎂、磷、鐵、鋅。
- **宜忌**：忌過敏體質者、皮膚炎、偏頭痛、腸胃虛弱者。
- **功效**：性寒，美容肌膚、預防高血壓及心血管疾病。抗香菸中產生的致癌物，維持心肌功能、腎臟、神經及腸胃系統正常運作。
- **適合對象**：宜各種體質，尤其肥胖者。
- **選購訣竅**：果實堅實、鮮紅。要避免大塊掉色或種子(草莓上白色一點一點的東西)叢生的果實，也不可以購買萎縮、有黴點的。

100g
41Kcal

Peach

100g
41Kcal

Onion

水蜜桃

- **營養素**：含醣類、果膠纖維、維生素A、B、C，鉀尤為豐富。
- **宜忌**：腹瀉、消化不良者，勿食過多。
- **功效**：性溫，可潤腸助消化、穩定血壓、保護心臟神經系統。
- **適合對象**：宜便祕患者及各種體質。
- **選購訣竅**：選擇外表粉嫩，帶著小絨毛的。

洋蔥

- **營養素**：含碳水化合物、粗纖維、膳食纖維、維生素B群、維生素C、鉀、鈣、磷、鐵等礦物質，以及硫化合物、類黃酮等。
- **功效**：可預防骨質流失，阻止血小板凝結，並加速血液凝塊溶解。能夠殺菌、增強免疫力、抗癌、促進腸胃蠕動。
- **適合對象**：宜各種體質。
- **選購訣竅**：選擇外表帶有光澤、不變黑者。

100g
44Kcal

Passion fruit

100g
44Kcal

Pine apple

百香果

========================

●**營養素**：含醣類、纖維、維生素A、B2、C、鉀、鈣、鎂、磷，菸鹼酸、鐵、鋅和水份。

●**宜忌**：忌胃炎、洗腎者。

●**功效**：性平，生津止渴，可預防口角炎、貧血，養顏美容、潤澤肌膚、幫助消化。

●**適合對象**：宜各種體質。

●**選購訣竅**：避免選顏色暗黑，表皮有皺褶。

鳳梨

========================

●**營養素**：含維生素A、鈣、鎂、磷、錳和水份。

●**宜忌**：忌腸虛腹瀉，空腹忌食用。

●**功效**：性平，預防疾病、保護骨骼並幫助傷口復元，防止傷口皮下出血，鳳梨酵素可幫助蛋白質消化，飯後食用極佳。

●**適合對象**：宜各種體質。

●**選購訣竅**：以食指或中指在果實的外皮敲彈，發出像打擊人體所發出的聲音，即為肉聲。果實黃色或蛋黃透明，多汁、味甜者品質最優。

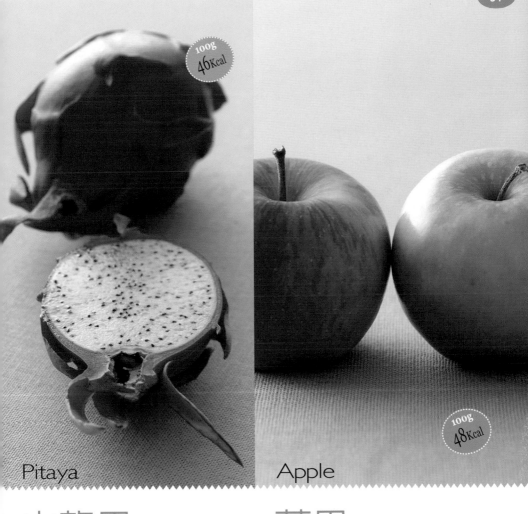

100g 46Kcal

Pitaya

100g 48Kcal

Apple

火龍果

●**營養素**：含粗纖維、鎂、磷、鐵、鋅、鉀和水份。

●**宜忌**：性涼，體質虛寒不宜。

●**功效**：能降低膽固醇、健美皮膚、增強視力和智力，以及降血壓、安定神經和肌肉、預防支氣管癌、攝護腺癌。

●**適合對象**：清涼退火、熱量低，是減肥優良果品。

●**選購訣竅**：挑選顏色鮮紅，看起來堅實、外觀未受損。

蘋果

●**營養素**：含有豐富的維生素A、C、鉀、磷、鈉、鈣、氯、鎂、鐵等礦物質。

●**功效**：果膠成份遇水會膨脹，使人有飽足感，並促進腸胃蠕動，使排便順暢，治療便祕；並能幫助人體排出膽固醇。

●**適合對象**：適合腸胃道不佳及氣喘者。

●**選購訣竅**：表皮沒有脫水現象，要避免有碰傷、軟掉或肉有斑點者。

100g
49Kcal

Kiwi

100g
50Kcal

Papaya

奇異果

- **●營養素**：含維生素A、B1、B2、C、菸鹼素、葉酸、鈣及鐵、寡醣、蛋白質分解酵素。
- **●宜忌**：對塑膠製品、乳膠手套過敏者，容易對奇異果過敏。
- **●功效**：可預防便祕、大腸癌並降低血膽固醇，有效維持腸道健康，達到體內環保的功效。增強免疫力，減少DNA受損機率。
- **●適合對象**：適合免疫能力不佳者。
- **●選購訣竅**：避免採購太軟的，因奇異果放在室溫下會有後熟作用。

木瓜

- **●營養素**：含蛋白質、醣類、維生素A、B、C、鉀、鈣、鎂、鋅。
- **●宜忌**：忌腹瀉腸虛冷者。
- **●功效**：性平，幫助消化、減輕胃腸負擔，改善皮膚粗糙並增強視力；另可促進青春期女性乳房發育。
- **●適合對象**：宜各種體質及夜盲症者。
- **●選購訣竅**：避免過熟已有斑點。

100g 55Kcal

Sunkist

100g 56Kcal

Grape

香吉士

========================

- **營養素**：含豐富維生素C和果膠纖維、鈣、鋅、鉀、鎂和水份。
- **宜忌**：忌過敏、胃炎、偏頭痛以及洗腎者。
- **功效**：性平，能美膚抗老化，含大量維生素C與纖維質，能潤喉、生津、預防感冒、提升免疫力、幫助消化、降低膽固醇。
- **適合對象**：宜各種體質。
- **選購訣竅**：色澤鮮黃，有清香味道。

葡萄

========================

- **營養素**：含醣類、維生素B、C、E，鉀、鈣、鐵和檸檬酸。
- **宜忌**：忌躁熱體質及異位性皮膚炎者。
- **功效**：性平，可補充體力、健脾胃，葡萄籽萃取物能改善皮膚。
- **適合對象**：宜各種體質。
- **選購訣竅**：挑選顏色濃、果粒豐潤、緊連著梗子的。避免凋萎、軟塌、梗子變褐或容易掉粒的。

100g
61Kcal

Pumpkin

100g
70Kcal

Cherry

南瓜

●**營養素**：含維生素A、B、E、鉀、鈣、鎂、鋅。

●**宜忌**：忌體熱者、皮膚發炎勿食用。屬澱粉類，糖尿病患者應注意食用份量。

●**功效**：性溫，降低罹癌機會、抗老化、保養肌膚，防止動脈硬化並有解毒功能，亦可預防感冒、增加體力、保護眼睛。

●**適合對象**：宜各種體質、尤其體弱多病者，，中年男性更宜多食用。

●**選購訣竅**：選擇外觀完整、未受損者。

櫻桃

●**營養素**：含果膠纖維、維生素A、B、鉀、鈣、鐵及花青素。

●**宜忌**：忌體燥血旺、肥胖、高血壓、糖尿病者。

●**功效**：性溫，可抗氧化、預防感冒，改善虛弱體質、防止細菌感染和疾病，

●**適合對象**：宜貧血、體虛、更年期婦女和孕婦。

●**選購訣竅**：選顏色鮮紅。

100g 72Kcal

Yam

100g 72Kcal

Pea

山藥

● **營養素**：含豐富澱粉質、蛋白質、必需氨基酸，以及維生素B、E、鉀、鈣、鎂、磷、鐵、鋅、黏液質。

● **宜忌**：忌習慣性便祕者。

● **功效**：性平，促進血液循環、防止血管和肌膚老化、美容肌膚，可提高人體免疫力、改善體質。

● **適合對象**：宜各種體質，尤其虛弱體質的女性保健。

● **選購訣竅**：選購時以外觀完整、鬚根少，沒有腐爛者為佳，如果切好的山藥不馬上食用，最好先浸泡在檸檬水中。

青豆仁 (豌豆仁)

● **營養素**：含醣類、蛋白質、水溶性纖維、維生素A、B、鉀、鈣、菸鹼酸和磷質

● **宜忌**：腸易脹氣者及痛風症者，不宜大量食用。

● **功效**：性平，可提昇免疫力，美容養顏，有利尿、清淨血液、防止孕婦口吐酸水之效。

● **適合對象**：宜各種體質，糖尿病宜少量。

● **選購訣竅**：一般屬冷凍蔬菜，應注意保存期限。

100g
80Kcal

100g
87Kcal

Potato

Tofu

馬鈴薯

- **●營養素**：含維生素B、C、鉀、鈣、鎂、磷、鋅。
- **●宜忌**：屬澱粉類，糖尿病患者應注意食用份量。
- **●功效**：性平，健胃益脾，助消化。其維生素C即使高溫烹煮也不流失，又有「地下蘋果」的美譽。
- **●適合對象**：宜各種體質，尤其孕婦和腸胃虛弱者。
- **●選購訣竅**：避免選擇發芽的，以免茄靈毒素中毒。

豆腐

- **●營養素**：含植物性蛋白質、鈣、鉀、磷、鐵、葉酸、大豆異黃酮。
- **●宜忌**：痛風發作時避免攝取。
- **●功效**：鈣質可強化骨骼，維持正常的心臟功能和血壓。大豆異黃酮是天然雌激素，可幫助女性預防多種癌症，減輕更年期的不適症狀。
- **●適合對象**：適合更年期的婦女及骨質疏鬆者。
- **●選購訣竅**：傳統豆腐比盒裝豆腐營養價值高。

100g
104Kcal

100g
230Kcal

Salmon

雞胸肉

================================

- **營養素：**蛋白質、脂肪、維生素A、B1、B2、C、B6和鈣、鐵。
- **功效：**豐富的蛋白質是細胞組織建造和修補的主要營養素，同時改善下半身水腫問題。
- **適合對象：**是雞肉中最低脂的部分，適合愛吃肉者。
- **選購訣竅：**選擇肉質有彈性。

鮭魚

================================

- **營養素：**含蛋白質Vit.A、D、B6、B12及菸鹼酸、核黃素(B2)、鈣、鐵、鋅、磷、碘、硫、OMEGA-3等成份。
- **功效：**OMEGA-3有降低白血球和血小板黏連冠狀血管壁、防止冠狀動脈硬化，更有抗炎作用；並能減輕關節痛的症狀，預防腦部老化。
- **適合對象：**適合生長中的兒童、血脂肪高者及更年期婦女。
- **選購訣竅：**肉質結實有彈性，色澤呈橘紅色並帶有亮度。

{ SALAD SALAD SALAD SALAD }
SALAD

PART THREE:
怎麼吃也不怕胖的沙拉

part three

salad salad salad

〈纖體沙拉〉

青蘋果
豆苗沙拉

----

② **人份** 1人份卡洛里：291Kcal

材料：青蘋果1粒　豌豆苗50g．　小黃瓜1支

沙拉醬：市售Light沙拉100g．　檸檬汁1/2大匙
蔓越莓果乾1大匙

做法：

1. 青蘋果去皮切細條狀，用檸檬冰水浸泡5分鐘，
   取出、瀝乾水份備用。

2. 豌豆苗洗淨瀝乾水份，小黃瓜洗淨，用刨刀刨
   成長條狀。

3. 將市售light沙拉、檸檬汁和蔓越莓果乾放入調
   理機攪拌30秒。

4. 青蘋果、豌豆苗以小黃瓜條包住（可用牙籤固
   定），沾食沙拉醬享用。

纖體小站

青蘋果中含豐富的蘋果酸，糖份較紅蘋果低，可做
為瘦身期間的高纖蔬果的來源。

聰明下廚吃美美

■　青蘋果用檸檬冰水浸泡會比泡鹽水健康，冰水
則會讓蘋果的口感更脆而爽口。

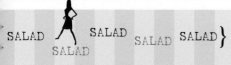

〈瘦身纖體〉

吐司雞肉沙拉

===

2 人份　1人份卡洛里：247Kcal

材料：吐司麵包2片　奇異果1粒　雞胸肉50g.　熟白芝麻1小匙

沙拉醬：市售Light沙拉20g.　市售千島沙拉20g.

做法：

1. 雞胸肉放入滾水以中火煮1分鐘，用冰水漂涼，瀝乾水份切小片狀。奇異果去皮切圓片。

2. 吐司去邊切4小塊，鋪上奇異果1片，放上少許雞絲，擠些現成市售沙拉醬，撒上少許芝麻即成。

纖體小站

應多利用高纖全麥吐司，搭配高維生素C、果膠的水果，加上高蛋白質低油脂的雞胸肉，如此的低油脂健康沙拉可代替正餐的份量。

聰明下廚吃美美

■ 本道食譜我用的是黃色的胡蘿蔔吐司，搭配出來的色澤較漂亮而可口。

■ 雞肉和奇異果一起入口的感覺相當美妙，酸甘甜美，你一定要試試。

■ **替換：**雞胸肉換成市售水煮鮪魚罐頭，熱量差不多，做法更簡單！

〈潤澤肌膚〉

小餅干魚卵沙拉

===

2 人份　1人份卡洛里：281Kcal

材料：

新鮮鮭魚卵60g.　鹹餅干8片　小黃瓜1條

沙拉醬：市售Light沙拉50g.

做法：

1. 小黃瓜洗淨切圓片放餅干上。

2. 擠上沙拉醬，舀些魚卵即可享用。

美容小站

魚卵中豐富蛋白質、鋅，可預防肌膚老化，使肌膚光滑細緻。

聰明下廚吃美美

■ 新鮮鮭魚卵可在日式超市買到，一盒200g.約200元。

■ 這是一道超簡單方便的懶人沙拉，1分鐘即成，有客人來時，不妨大展手藝。

〈瘦身纖體〉吐司雞肉沙拉

〈潤澤肌膚〉小餅干魚卵沙拉

SALAD

〈纖體瘦身〉

鮮瓜玉米沙拉

② 人份　1人份卡洛里：108Kcal

材料：小黃瓜1條　罐頭玉米粒50g.

沙拉醬：市售千島沙拉醬30g.

做法：

1. 小黃瓜去皮切4段，以小刀挖出中間的黃瓜籽。

2. 將玉米粒填入小黃瓜中，擠上沙拉醬即可食用。

纖體小站

瘦身時常因熱量攝取失衡，造成血糖過低，常常產生情緒低落、易怒、緊張的心情。玉米粒中含豐富的醣類、鈣、鏻，可穩定血糖，紓解情緒。

聰明下廚吃美美

　　黃瓜和玉米搭在一起可能口味較淡，千島沙拉醬就是最佳的潤和劑了，切勿以普通沙拉醬取代。

　　食材都是平日廚房裡隨手可取得的，成品做起來又很美，是最簡單的懶人沙拉。

〈潤澤肌膚〉

秋葵水果
優酪沙拉

② **人份** 1人份卡洛里：82Kcal

材料：秋葵8支　葡萄柚1/2粒　芒果100g.

沙拉醬：市售低脂低糖原味優酪乳1/2罐　新鮮葡萄柚1/4粒

做法：

1. **製作沙拉醬：**1/4粒葡萄柚去皮切小丁，放入冷凍庫結成凍塊，和優酪乳一同放入調理機攪拌成泥狀。

2. 芒果去皮切塊狀，1/2粒葡萄柚去皮切舟狀。

3. 秋葵洗淨放入滾水中，以中火煮2分鐘取出，用冰水泡涼，瀝乾水份，削去蒂頭，斜切成1/2條，和芒果、葡萄柚一起放入沙拉碗中，淋上醬汁即可上桌享用。

美容小站

秋葵的熱量很低，含水溶性果纖和醣蛋白質黏蛋白結合的特殊黏物質，維生素A、鈣、鎂更豐富，對女性有強化體質，延緩肌膚老化，預防皮膚粗糙的效果。

聰明下廚吃美美

■ 秋葵燙的時間愈久，黏液質就愈多，先以冷水漂洗過瀝乾再吃，口感較好。

〈美容肌膚〉

生貝芒果沙拉

== == == == == == == == == ==

② 人份　1人份卡洛里：158Kcal

材料： 新鮮生貝6粒　胡蘿蔔80g.

裝飾： 檸檬皮少許

沙拉醬： 芒果50g.　杏桃果乾粒1粒　市售沙拉醬
1大匙

醃料： 白醋1大匙　檸檬汁1大匙　黃糖1/2大匙
鹽1/4小匙　香油1/4大匙

做法：

1. 胡蘿蔔用刨刀，刨下長條狀，先用鹽抓勻靜置
   20分鐘，再加入其他醃料入味2小時。

2. **製作沙拉醬：** 杏桃乾切細丁，和芒果、沙拉醬
   一起放入調理機攪拌40秒成泥狀，放入冰箱
   冷藏。

3. 生貝放入滾水以中火汆燙1分鐘，取出待涼。

4. 取出胡蘿蔔條，瀝乾水份，包裹住生貝置於盤
   內，淋上冰涼的沙拉醬，裝飾檸檬皮即可享用。

美容小站

生貝中含豐富的鋅，可幫助腎上腺素的分泌，防止
女性肌膚的老化，常保肌膚青春亮麗。

聰明下廚吃美美

　搭上香甜芒果的胡蘿蔔，原有的生澀味完全不
見了，加上鮮美的生貝，像極了即將盛裝赴宴的單
身女郎，鮮美而誘人。

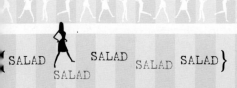

〈美容肌膚〉

百香水果球沙拉

===

② 人份　1人份卡洛里：92Kcal

材料：酪梨40g. 火龍果40g. 芒果40g.

沙拉醬：百香果2粒 檸檬汁1大匙 葡萄籽油1小匙 蜂蜜1小匙

做法：

1. **製作沙拉醬：**百香果洗淨切開挖出果肉，與檸檬汁、葡萄籽油、蜂蜜調勻，放入冰箱冷藏。

2. 酪梨、火龍果、芒果用挖球器舀出球狀水果，放入盤內，淋上冰涼沙拉醬即成。

美容小站

用含維生素A和C豐富的百香果作沙拉，應藉助油脂（葡萄籽油）才能被人體完整吸收，可美白肌膚，減少皮膚油脂過多而產生過多的青春痘和粉刺。

聰明下廚吃美美

■ 葡萄籽油含有豐富的抗氧化成份，可保護心血管，且熱量比橄欖油低，味道也較清淡。在超市或生機食品專賣店有售。

〈纖體美體〉

南瓜高纖沙拉

===

② 人份　1人份卡洛里：307Kcal

材料：南瓜100g. 綠蘆筍4支（約20g.） 全麥高纖餅干8片

沙拉醬：市售Light沙拉50g. 南瓜50g. 檸檬汁1/2大匙

做法：

1. 將全部南瓜（150 g.）去皮籽切小丁，放入滾水以中火煮5分鐘。

2. 取50g.南瓜丁和市售沙拉醬、檸檬汁放入調理機攪拌成泥狀。

3. 蘆筍去根部2公分，切小丁以滾水大火汆燙20秒取出，待涼。

4. 將剩餘的南瓜丁、蘆筍丁與沙拉醬拌勻，舀在餅乾上即可食用。

纖體小站

南瓜含豐富的維生素A、E，可成為瘦身期體力的來源，並可幫助肌膚不鬆垮。

〈美容肌膚〉百香水果球沙拉

〈纖體美體〉南瓜高纖沙拉

SALAD

〈纖體瘦身〉

芥末黃金蛋沙拉

==================

2 人份 1人份卡洛里：222Kcal

材料：雞蛋2粒

裝飾：苜蓿芽50g. 杏桃果乾1粒

沙拉醬：市售Light沙拉50g. 法式芥末醬1小匙
日式柴魚醬油1小匙 炒熟白芝麻1大匙

做法：

1. 雞蛋放入水中，加少許鹽，以中火煮開後，轉
   小火煮15分鐘，熄火靜置3分鐘。泡冷水至涼，
   剝除蛋殼，以縫衣線劃開蛋成對半。

2. 挖出蛋黃，與芥末、柴魚醬油、芝麻拌勻，再
   填入蛋白中。

3. 杏桃果乾切薄片，裝飾在蛋黃泥上。苜蓿芽洗
   淨瀝乾水份，鋪在盤上放上沙拉蛋即成。

纖體小站

利用白煮蛋來代替高油脂肉類，使瘦身也能營養均
衡；但每天蛋的攝取量最好不要超過1粒，以免造
成腎臟的負擔。

聰明下廚吃美美

■ 蛋黃和清淡的日式醬油、微酸的法式芥末搭配
得天衣無縫，這是一道受歡迎的美味。

〈纖體瘦身〉

西芹火腿沙拉

② 人份　1人份卡洛里：237Kcal

材料：西洋芹菜2支　黑胡椒牛肉火腿片100g.

沙拉醬：市售Light沙拉50g.

做法：

1. 西洋芹洗淨瀝乾水份，直剖兩半，切成約4公分長條，背面用刀切一小薄片備用。
2. 牛肉火腿切細條狀，放入芹菜的凹巢內，擠上少許沙拉，上面裝飾切下來的芹菜薄片即成。

纖體小站

芹菜中的纖維非常豐富，可清除宿便，減低小腹肥胖的形成；但不建議單吃芹菜，容易刮傷腸胃，應搭其他食物享用最健康。

聰明下廚吃美美

■ 胡椒牛肉火腿片在大型超市可買到，亦可換成煙燻等西式口味。

〈纖體沙拉〉

鮮蝦鳳梨沙拉

② 人份　1人份卡洛里：255Kcal

材料：新鮮白蘆蝦6支　鳳梨200g.

沙拉醬：市售Light沙拉50g.

裝飾：豌豆苗6支

做法：

1. 蝦子洗淨剝去蝦頭、外殼，用刀從蝦背上劃開一刀，以滾水大火汆燙15秒，放入冰水漂涼，以紙巾吸除水份。豌豆苗洗淨瀝乾水份。
2. 鳳梨連皮切成6片長三角形，放上鮮蝦，擠上少許沙拉醬，將豌豆苗插在沙拉醬上裝飾即成。

纖體小站

利用汆燙蝦子做鳳梨沙拉，除了減少油脂，降低熱量的攝取，蛋白質又能完整攝取，才不會瘦了身體，少了健康。

聰明下廚吃美美

■ 鳳梨酸酸甜甜的味道是很多女生的最愛，小心不要太順口而吃過多了，因為鳳梨過粗的纖維易刮傷腸道和干擾鈣、鐵在腸道被吸收。

〈纖體瘦身〉西芹火腿沙拉 ←

〈纖體沙拉〉鮮蝦鳳梨沙拉 ←

{ SALAD

〈瘦身纖體〉

蕃茄鮪魚沙拉

===================

2人份　1人份卡洛里：197Kcal

材料：中小型蕃茄6粒　水煮鮪魚罐頭50g.
玉米粒10g.　羅勒葉6片

沙拉醬：市售Light沙拉50g.

調味料：義大利綜合香料1/2小匙

做法：

1. 水煮鮪魚倒掉多餘水份和油脂，以紙巾吸乾。

2. 沙拉醬加入義大利綜合香料和水煮鮪魚，拌勻
   備用。

3. 蕃茄洗淨挖去中間籽肉，以紙巾吸乾水份，填
   入鮪魚沙拉醬，裝飾洗淨的羅勒葉即可盛盤。

聰明下廚吃美美

　義大利綜合香料為罐裝乾燥香料，內含有去除
魚腥味的羅勒葉、牛膝草、皮薩草等香料，在各大
超市都有賣。

〈瘦身美容〉

香芒蓮霧沙拉

====================================

2 人份　1人份卡洛里：53Kcal

材料：蓮霧1粒（15g.）　豌豆苗30g.

沙拉醬：新鮮芒果肉100g.　香吉士1/2粒　檸檬1/2粒

做法：

1. **製作沙拉醬：**香吉士、檸檬、芒果削去外皮，一起放入調理機中攪拌30秒，放入冰箱冷藏備用。

2. 蓮霧洗淨去蒂頭切8片，豌豆苗洗淨瀝乾水份鋪入蓮霧中，淋上沙拉醬即可上桌享用。

纖體小站

蓮霧多纖維，又富有天然水份，容易產生飽足感，可搭配其他瘦身餐，輕鬆控制熱量。

〈纖體瘦身〉

三色健康沙拉

====================================

2 人份　1人份卡洛里：150Kcal

材料：綠竹筍1支　胡蘿蔔100g.　秋葵8支

沙拉醬：市售低脂Light沙拉50g.

做法：

1. 竹筍洗淨用清水蓋過3公分，放入電鍋，外鍋加2杯水蒸熟。取出放入冰水泡涼，入冰箱冷藏2小時。

2. 胡蘿蔔洗淨去皮切細長段，放入滾水煮10分鐘，加入洗淨的秋葵同煮2分鐘，取出入冰水漂涼，瀝乾後放入冰箱冷藏2小時。

3. 竹筍取出剝去外殼，削去外層較老的纖維，切成長條狀；秋葵略削去蒂頭外層和胡蘿蔔、竹筍一起放入沙拉盆，沾沙拉醬吃即成。

纖體小站

胡蘿蔔中的β－胡蘿蔔素，生食營養無法完整吸收，熟化後能有益腸胃的完整吸收。其中竹筍、胡蘿蔔和秋葵中都富有清除腸道的纖維，可預防肥胖的形成。

〈瘦身美容〉香芒蓮霧沙拉

〈纖體瘦身〉三色健康沙拉

{ SALAD

〈瘦身纖體〉

胡蘿蔔蔬菜沙拉

================================

②人份 1人份卡洛里：120Kcal

材料：蘆筍3支　胡蘿蔔25g.　玉米筍4支　菊苣葉20g.　雞蛋1/2個　蔓越莓果乾1大匙

沙拉醬：胡蘿蔔25g.　原味低脂低糖優酪乳100g.　熟腰果仁2粒

做法：

1. 將50g.胡蘿蔔去皮切塊，與雞蛋一起放入電鍋，外鍋放1小杯清水蒸熟，取出待涼。白煮蛋去殼切半備用。

2. **製作醬汁：**取蒸熟的1/2胡蘿蔔和優酪乳、腰果仁放入調理機攪打40秒成沙拉醬，放入冰箱冷藏。

3. 蘆筍、玉米筍洗淨，蘆筍切去根部2公分，放入滾水以大火煮20秒取出，用冰水漂涼，取出瀝出水份。

4. 菊苣葉洗淨瀝乾水份，鋪入盤內，加入蘆筍、熟胡蘿蔔、玉米筍、白煮蛋，淋上沙拉醬，撒上蔓越莓即成。

〈美容肌膚〉

山藥健康沙拉

======================================

②人份 1人份卡洛里：71Kcal

材料：苜蓿芽30g. 豌豆苗5g. 山藥100g.

沙拉醬：芒果50g. 山藥50g. 檸檬1/2粒

做法：

1. **製作沙拉醬：**檸檬去皮膜，取果肉與芒果、山藥一起放入調理機中，攪拌成沙拉醬，放入冰箱冷藏2小時。

2. 苜蓿芽洗淨鋪入盤內，山藥去皮切細絲放入，並淋入沙拉醬汁裝飾豌豆苗即可享用。

美容小站

山藥含豐富的胺基酸和黏蛋白，可修護肌膚細胞，其中的多巴胺能促進血液循環讓肌膚青春又光滑，預防老化紋的產生。

〈美容肌膚〉

甜豆芝麻沙拉

======================================

②人份 1人份卡洛里：237Kcal

材料：新鮮甜豆200g.

沙拉醬：市售Light沙拉40g. 新鮮檸檬汁1大匙 熟白芝麻粒1小匙

做法：

1. 甜豆洗淨挑去豆莢蒂頭及夾絲，放入滾水以中火汆燙約1分30秒，取出以冰水漂涼，瀝乾水份鋪入盤內。

2. 熟芝麻放入塑膠袋中，用空瓶子略壓碎，與沙拉醬、檸檬汁拌勻，淋在甜豆上即可享用。

美容小站

甜豆纖維中含豐富維生素C，可潤澤肌膚，豆仁中的維生素E、鈣，可預防肌膚老化細紋的形成。

〈美容肌膚〉山藥健康沙拉

〈美容肌膚〉甜豆芝麻沙拉

SALAD

〈瘦身美容〉

水果醋汁
鮮蔬沙拉

====================

2 人份　１人份卡洛里：78Kcal

材料：蘿蔓生菜2大片（20g.）　芹菜40g.　聖女蕃茄2粒　小黃蕃茄2粒　新鮮葡萄柚1/2粒　熟核桃果2粒　蘿蔔嬰苗少許

沙拉醬：檸檬汁1大匙　葡萄柚醋1大匙　葡萄柚汁2大匙　橄欖油1小匙

做法：

1. 蘿蔓生菜、蕃茄洗淨，芹菜洗淨切2公分長段，一起放入蔬菜分水盆中瀝乾水份。葡萄柚去皮切塊狀，和蘿蔓生菜、蕃茄、芹菜裝入保鮮盒中，放入冰箱冷藏2小時。

2. 沙拉醬汁拌勻放入冰箱冷藏備用。核桃果仁剝碎。

3. 蘿蔓生菜剝片、蕃茄切半放入沙拉杯中，加入芹菜、葡萄柚塊，淋入沙拉醬汁，撒上剝碎的核桃果仁，以洗淨的蘿蔔嬰裝飾，即可上桌享用。

SALAD SALAD SALAD SALAD SALAD

〈美容肌膚〉

香橙甜椒沙拉

========================

② **人份** 1人份卡洛里：122Kcal

材料： 紅甜椒1/2粒　香吉士2粒　小黃瓜1條

沙拉醬： 新鮮香吉士汁1/2杯　檸檬汁1小匙　葡萄
柚醋1大匙　橄欖油1小匙

做法：

1. 沙拉醬汁拌勻備用。

2. 紅甜椒洗淨切開去籽和白膜，放入滾水以中火
   燙約5分鐘，取出泡入冰水中，剝除皮膜部份，
   切小塊。小黃瓜洗淨切片，香吉士削去外皮和
   白膜部分，切小塊。

3. 紅甜椒、香吉士和小黃瓜一起放入碗中，加
   入醬汁拌勻，放入冰箱冷藏入味，約3小時即
   可享用。

美容小站

甜椒中含豐富的 β—胡蘿蔔素和生物類黃酮，可改
善肌膚的缺水性乾糙細紋，以及預防肌膚老化。

〈瘦身纖體〉

蔓越莓豆腐
沙拉蔬菜棒

=========================

2 人份 1人份卡洛里：134Kcal

材料： 小黃瓜2條　西洋芹菜1支　胡蘿蔔50g.

沙拉醬： 盒裝嫩豆腐1/2盒　蔓越莓果乾3大匙
新鮮檸檬1/4粒

做法：

1. 蔬菜洗淨瀝乾水份，裝入保鮮盒放入冰箱冷藏
   2小時。

2. **製作沙拉醬：** 檸檬洗淨，刮除綠色皮膜備用，
   白膜部分用刀削去不用；將檸檬果肉和蔓越莓
   果乾、豆腐放入調理中拌勻，最後加入檸檬皮
   泥即可冷藏備用。

3. 蔬菜切長條狀，放入容器中，上桌即可沾食沙
   拉醬享用。

纖體小站

豆腐中的蛋白質、維生素E、鈣豐富，且不含油脂
熱量低，對奶蛋過敏體質的人，是很安全的蛋白質
來源。檸檬皮屑含天然柚科皮質油香氣，可讓沙拉
的風味變得清新誘人，使味覺與嗅覺舒暢。

SALAD　SALAD　SALAD　SALAD ⟩
　　SALAD

〈美白肌膚〉

鮮蔬醋汁沙拉

====================

2 人份 1人份卡洛里：271Kcal

材料： 新鮮大陸妹（萵苣葉）50g． 青蘋果2粒 蔓越莓果干2大匙 喬麥苗20g．

沙拉醬： 檸檬汁1/2粒 白葡萄酒醋1小匙 蘋果醋1大匙 蘋果50g． 現成葡萄柚汁100c.c. 橄欖油1大匙

做法：

1. 將沙拉醬材料放入調理機中充分攪拌（約40秒），放入冰箱冷藏備用。

2. 蔬菜洗淨瀝乾水份，裝入保鮮盒放冰箱冷藏2小時，備用。

3. 蘋果削去外皮，切片，泡入檸檬冰水20分鐘。

4. 沙拉盆內先鋪入蔬菜，蘋果取出瀝出水份放在蔬菜上，撒入蔓越莓果乾淋上沙拉汁即可上桌享用。

美容小站

萵苣中含豐富天然水份，維生素C和鉀、鎂、磷、鐵，可改善皮膚暗沈、角質粗糙和淡化色素沈積。

聰明下廚吃美美

■ 大陸妹為萵苣的一種，傳統萵苣口感較硬，通常用作墊底裝飾，而改良後的萵苣則既脆又甜嫩，而且便宜，像是物美價廉的大陸小姐，所以這種改良的萵苣品種就叫做「大陸妹」。

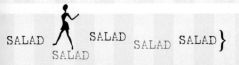

〈纖體瘦身〉

纖菇紅醋沙拉

===================

② 人份 1人份卡洛里：82Kcal

材料：吉康菜4片　杏鮑菇2支　蘆筍4支　小紅蕃茄2粒

沙拉醬：紅洋蔥5g.　大蒜1/2粒　熟核桃果1粒
紅酒醋2大匙　檸檬汁1大匙　葡萄柚汁2大匙
市售蔓越莓汁2大匙　橄欖油1/2大匙　有機果糖1/2大匙

做法：

1. 杏鮑菇略用清水沖洗，放入滾水以中火煮20分鐘。取出瀝乾水份，待涼後切成0.5公分薄片。

2. 蘆筍洗淨切除根部2公分，入滾水以中火煮1分鐘，取出以涼水漂涼，瀝乾水份備用。

3. 吉康菜、蕃茄洗淨瀝乾水份，和杏鮑菇、蘆筍一起裝入保鮮盒放冰箱冷藏2小時。

4. **製作沙拉醬：**紅洋蔥、大蒜和核桃切碎，與其餘材料混和均勻，放入冰箱冷藏備用。

5. 取出冷藏的蔬菜，依喜愛鋪入盤內淋入醬汁即成，可裝飾羅勒葉等香草。

聰明下廚吃美美

　杏鮑菇原產於歐洲、北美，因具有杏仁香味，故名為杏鮑菇，為所有鮑魚菇類中風味最佳者。

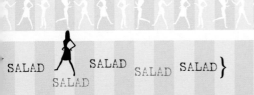

SALAD　SALAD　SALAD　SALAD　SALAD

〈美容肌膚〉

煙燻鮭魚
酸豆沙拉

====================

② 人份　Ｉ人份卡洛里：254Kcal

材料： 蘿蔓生菜2片　小黃瓜1/2條　紅色小蕃茄
4粒　黑橄欖4粒　紅色洋蔥絲少許　煙燻鮭魚4片
新鮮檸檬1/2粒

沙拉醬： 酸豆1大匙　黑胡椒粉少許　蘋果泥1大匙
蘋果醋1大匙　蔓越莓汁100c.c.　橄欖油1大匙

做法：

1. 沙拉醬拌勻，放入冰箱冷藏2小時，備用。

2. 所有材料洗淨瀝乾水份，裝入保鮮盒放冰箱
   冷藏。

3. 小黃瓜、蕃茄切片，蘿蔓生菜先放入沙拉盤
   內，放上小黃瓜、蕃茄片，鮭魚捲好放入，撒
   上洋蔥絲、橄欖粒，最後淋入沙拉醬汁即可上
   桌，可現擠檸檬汁在鮭魚上享用。

美容小站

水果醋中含有礦物質、維生素B，可促進新陳代謝，
幫助消化，對容易便祕或青春痘有不錯的幫助。

聰明下廚吃美美

　　蘋果磨成果泥狀可與果汁和其餘醬汁充份混合
而柔和，降低酸豆和果醋的酸味。

〈纖體瘦身〉

青豆仁沙拉麵包

2 **人份**　1人份卡洛里：144Kcal

材料：苜蓿芽50g．　蔓越莓果乾1大匙　市售法國麵包1條

沙拉醬：冷凍青豆仁1杯　新鮮山藥50g．　熟核桃果3粒

做法：

1. **製作沙拉醬：**山藥去皮切小丁，放入滾水以中火燙2分鐘取出，瀝乾水份備用。

2. 青豆仁洗淨，與山藥、核桃一起放入調理機中，充分攪拌成泥狀即可。

3. 麵包斜切圓片。苜蓿芽洗淨、瀝乾水份，鋪在麵包上，抹上沙拉醬、加上蔓越果乾即可上桌享用。

纖體小站

青豆仁含豐富的蛋白質，可取代肉類的營養，山藥的維生素E可維繫骨骼與肌肉的結構，對瘦身時的女性，是不可忽略的重要營養。

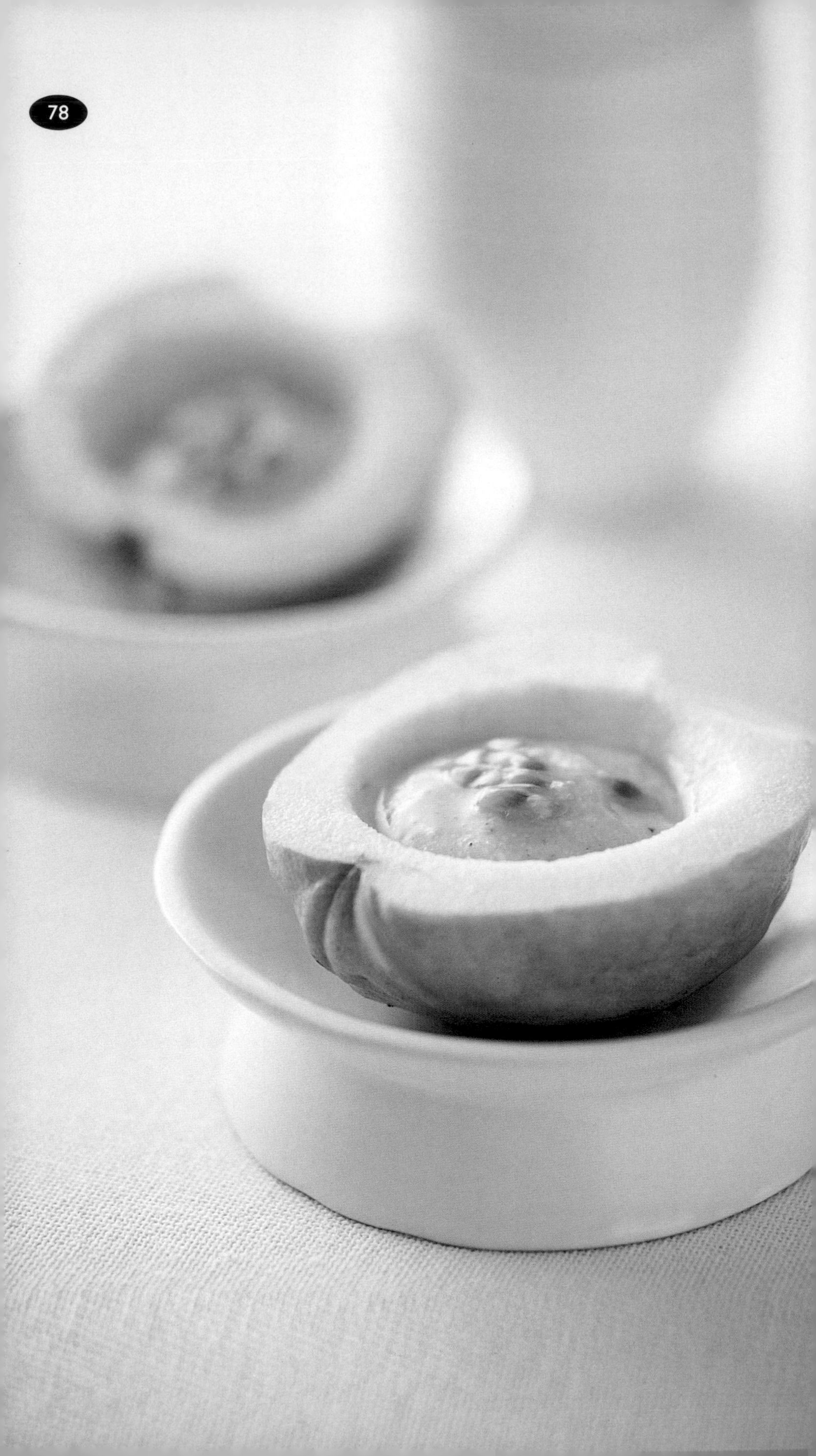

〈纖體瘦身〉

芭樂豆腐沙拉

================================

2 人份　1人份卡洛里：108Kcal

材料：芭樂1粒　盒裝嫩豆腐1/4盒　新鮮鳳梨50g.

沙拉醬：百香果1粒

做法：

1. 芭樂洗淨切開挖去籽，放入檸檬冰塊水中浸泡20分鐘。

2. 豆腐和鳳梨以調理攪拌成泥狀，放入冰箱冷藏1小時。

3. 芭樂瀝乾水份，填入鳳梨豆腐泥，百香果切開挖出果肉，放在沙拉上即可享用。

纖體小站

新鮮水果放入調理機內攪拌，會因為機器高速運轉，所產生的摩擦溫度而破壞維生素C。可事先將水果洗淨、切小塊狀，冷凍後再放入調理機內攪打，營養效果較佳。

聰明下廚吃美美

■　芭樂用檸檬冰塊水浸泡，會讓口感更脆而爽口。

〈纖體瘦身〉

馬鈴薯
蔓越莓沙拉

② 人份　1人份卡洛里：206Kcal

材料：馬鈴薯200g.　蔓越莓果乾1大匙

沙拉醬：市售Light沙拉50g.　檸檬皮泥1/2大匙
檸檬汁1/2大匙　乾燥巴西里末1小匙

做法：

1. 沙拉醬拌勻備用。
2. 馬鈴薯切塊狀，放入電鍋，外鍋加1杯水蒸熟，
   取出待涼。
3. 將馬鈴薯、蔓越莓果乾和沙拉醬拌勻，放冰箱
   靜置冷藏1小時即可享用。

〈纖體瘦身〉

火腿蘆筍沙拉

======================

2 人份　1人份卡洛里：237Kcal

材料： 現成火腿片8片　蘆筍4支　菊苣葉3片30g.

沙拉醬： 市售Light沙拉50g.　檸檬汁1大匙

做法：

1. 蘆筍洗淨，放入滾水以中火汆燙40秒取出，用冰水漂涼，瀝乾水份；切除根部2公分，再切成3段。

2. 取一片火腿包住2～3支蘆筍段，以牙籤固定即可。

3. 菊苣葉洗淨瀝乾水份，剝片鋪入盤內，放入火腿卷。沙拉醬拌勻淋上即可享用。

纖體小站

蘆筍熱量低又含豐富的纖維，維生素A、鉀、鈣、鎂、磷豐富，可提供瘦身時期的體力，但痛風病人勿食。

聰明下廚吃美美

▓　菊苣葉為萵苣之一種，是近年非常流行的沙拉用生菜，含纖維、維生素C、寡糖和水份，可有效幫助腸道蠕動、消除病菌、強化免疫系統、提高消化機能，有助於改善慢性病症狀、預防癌症、防止老化。

〈瘦身纖體〉

泡菜牛肉　萵苣沙拉

====================

2 人份　1人份卡洛里：146Kcal

材料： 現成五香滷牛腱60g．　萵苣葉1片20g．
香菜2小支　熟白芝麻1小匙

沙拉醬： 市售韓式泡菜20g．　市售沙拉醬30g．

做法：

1. 新鮮萵苣洗淨瀝乾水份，裝入保鮮盒放入冰箱
　 冷藏2小時。香菜洗淨備用。

2. 泡菜和沙拉醬放入調理機中，以高速20秒拌碎
　 即可。

3. 萵苣切細絲鋪入盤中，牛肉切薄片鋪上，淋上
　 沙拉醬，撒上芝麻粒即可享用。

纖體小站

牛肉中豐富鐵質，可幫助瘦身期保持紅潤好氣色，
如此才會是健康美麗的纖體美女。

SALAD　SALAD　SALAD　SALAD
SALAD

〈瘦身纖體〉泡菜牛肉萵苣沙拉

〈潤澤肌膚〉

泡菜豆腐沙拉

===

2 人份　1人份卡洛里：86Kcal

材料：市售盒裝豆腐1/2盒　市售泡菜30g.　小黃瓜1條　乾燥海帶芽5g.

醬汁：泡菜1大匙　柴魚醬油1大匙　芝麻粒1小匙　檸檬汁1小匙　果糖1小匙　冷開水2大匙

裝飾：現成海苔2片　罐頭熟玉米粒1大匙

做法：

1. 小黃瓜洗淨切細條，豆腐切條狀，泡菜切細碎，排入盤中待用。

2. 乾燥海帶芽放入滾水中汆燙，取出瀝乾水份，放在盤中豆腐上。

3. 醬汁拌均勻淋上，可將海苔片剪細條，與玉米粒一同撒上，即成色澤美麗的佳餚。

聰明下廚吃美美

■　利用泡菜做沙拉，除了口感獨特外，更可以使身體溫暖，促進新陳代謝，但因為泡菜中的大白菜為較生冷，女性宜盡量避免生理期食用，以免造成經血不順或和經痛的現象。

〈瘦身主食〉

通心麵鮮蔬沙拉

===

2 人份　1人份卡洛里：108Kcal

材料：通心麵50g.　新鮮蕃茄6粒　綠花椰菜50g.

沙拉醬：可選擇喜歡的醬汁拌入

做法：

1. 通心麵倒入滾水中，加入1/2小匙橄欖油，以中火煮約5分鐘；放入洗淨的花椰菜同煮20秒，撈起以冰水漂涼，瀝乾水份備用。

2. 蕃茄洗淨拭乾水份，切對半放入材料和沙拉醬拌勻即可享用。

纖體小站

通心麵沙拉可作為主食享用，宜多搭配高纖蔬菜，且不可吃太多通心麵，以免醣類攝取過多而造成滯水型肥胖。

聰明下廚吃美美

■　煮花椰菜時可在熱水中加一小撮鹽、醋或一片檸檬，不但可以避免花椰菜變黃，對去除殘存的農藥也有幫助。

〈潤澤肌膚〉泡菜豆腐沙拉

〈瘦身主食〉通心麵鮮蔬沙拉

SALAD

〈纖體瘦身〉

海鮮總匯沙拉

====================

② 人份　1人份卡洛里：290Kcal

材料：

(A) 新鮮白蘆蝦2支　石斑魚80g.　透抽1尾60g.

(B) 蘿蔓生菜4片50g.　葵花子苗20g.　小黃瓜1條

沙拉醬： 市售Light沙拉50g.　新鮮芒果50g.

檸檬汁1大匙　檸檬皮屑1大匙

做法：

1. 材料(B)洗淨、瀝乾水份，裝入保鮮盒放冰箱冷藏備用。

2. 蝦洗淨、石斑魚、透抽洗淨切小塊。放入滾水以大火汆燙40秒取出，用冰水漂涼，瀝乾水份，以紙巾吸去多餘水份。

3. 沙拉醬和芒果、檸檬汁以調理機攪成泥狀，加入檸檬皮屑拌勻，放入冰箱冷藏備用。

4. 將蘿蔓生菜剝大片鋪入盤內，小黃瓜切片和葵花子苗放入，再放上去殼的蝦子和魚、透抽，最後淋上沙拉即可享用。

纖體小站

利用低熱量的海鮮，來搭配蔬菜做沙拉，除了增加飽足感外，也讓瘦身變成豪華的饗宴，是宴客獨享兩相宜的菜餚。

〈肌膚美白〉

酪梨苜蓿芽沙拉

=======================================

②人份 1人份卡洛里：**97Kcal**

材料：酪梨1/2粒（150g.）　苜蓿芽50g.

沙拉醬：酪梨1/4粒（80g.）　芒果50g.　低脂低糖原味優酪乳50g.

做法：

1. **製作沙拉醬：**酪梨、芒果去皮及核仁，和優酪乳放入調理機中攪拌30秒，放入冰箱內冷藏備用。

2. 將材料中的酪梨去核、去皮、切塊，苜蓿芽洗淨瀝乾水份。

3. 沙拉盅鋪上一層苜蓿芽，放入酪梨塊，淋上沙拉醬即可享用。

美容小站

酪梨的維生素E非常豐富，可美容肌膚，使肌膚嫩白光滑。但需注意酪梨的營養價值相當高，不宜大量食用。

〈纖體瘦身〉

鮮蔬起士沙拉

② 人份　1人份卡洛里：125Kcal

材料： 紫色包心菜20g．　紫色荷蘭生菜30g．　綠色波士頓萵苣葉2片　香料起士條10g．　蕃茄起士麵包丁8粒

醬汁： 大蒜1粒　橄欖油1大匙　鹽1/4小匙　檸檬汁1大匙　黑胡椒粉1/4小匙

做法：

1. 大蒜拍碎切細泥狀，和其他醬汁材料拌勻，略靜置2小時待用。

2. 蔬菜洗淨瀝去水份，淋上醬汁，撒上起士細條、起士蕃茄麵包丁，即可享用。

聰明下廚吃美美

■ 起士可搭配較具苦味的生菜，如紫色包心菜、紫色荷蘭生菜等，滋味非常好；但應選擇熱量較低的起士，並擇量使用，以免熱量過多而造成肥胖。

〈纖體瘦身〉

蟹肉蔬菜沙拉

② 人份　1人份卡洛里：203Kcal

材料： 蟹肉塊（冷凍熟食）100g．　茭白筍1支　萵苣葉4片　熟芝麻1小匙

沙拉醬： 市售千島醬60g．　檸檬汁1小匙　蔓越莓汁1大匙

做法：

1. 茭白筍連殼洗淨放入滾水中，以中火燙15分鐘，熄火浸泡10分鐘後取出，放入冰水浸泡至冷卻，取出拭乾水份，和洗淨的萵苣葉裝入保鮮盒放冰箱冷藏2小時。

2. 蟹肉解凍後，放入滾水以中火汆燙20秒取出待涼，剝去外層包裝膜。
   萵苣葉放入沙拉碗中，茭白筍去殼，削去根部較老纖維，切薄片，鋪在蔬菜上，放入蟹肉，沙拉醬拌勻淋上，撒上芝麻即可享用。

纖體小站

蛋白質是人體肌肉組織和骨骼組織非常重要的營養，缺乏時會產生組織的老化現象；每100克蟹肉中有90卡熱量，想瘦身的你，應注意蛋白質來源，以免造成肌膚老化提早出現。

〈纖體瘦身〉鮮蔬起士沙拉 ←

〈纖體瘦身〉蟹肉蔬菜沙拉 ←

{ SALAD

〈纖體瘦身〉

牛肉蔬菜沙拉

==============================

**② 人份　** 1人份卡洛里：200Kcal

材料： 現成熟燻牛肉2片　蘿蔓生菜2片　胡蘿蔔10g.　小黃瓜1條　小蕃茄2粒

沙拉醬： 市售Light沙拉50g.　酸黃瓜1片2g.　洋蔥5g.　檸檬汁1小匙

做法：

1. 蘿蔓生菜洗淨，胡蘿蔔去皮、小黃瓜、蕃茄洗淨瀝乾水份，裝入保鮮盒放入冰箱冷藏2小時。

2. **製作沙拉醬：** 洋蔥、酸黃瓜切細末和沙拉醬、檸檬汁拌勻，放入冰箱冷藏備用。

3. 取出蔬菜，先剝開蘿蔓生菜鋪入盤內，小黃瓜切片，胡蘿蔔切塊、蕃茄切小塊放入，捲起牛肉片放入，淋上沙拉即可享用。

纖體小站

洋蔥性溫，可降低生鮮蔬菜的寒性，讓瘦身女孩不會因吃太多鮮蔬沙拉，而造成手腳冰涼。

熟的燻牛肉片在各大超市都可買到，拆開包裝即可食用；也可以換成燻鮭魚片、燻雞肉絲等。

聰明下廚吃美美

　　蘿蔓生菜(Romaine Lettuce)口感爽脆，就是凱薩沙拉中常見的生菜。

SALAD　SALAD　SALAD　SALAD　SALAD }

〈美白肌膚〉

草莓水果沙拉

2 人份　1人份卡洛里：179Kcal

材料：草莓3粒　楊桃1/2粒　苜蓿芽10g.　綠色波士頓萵苣葉4片

醬汁：草莓5粒　蔓越莓果乾1/4杯　原味優格50g.

做法：

1. 水果與蔬菜洗淨瀝去水份。

2. 將醬汁材料放入調理機的小調理杯裡，充分攪拌成泥狀，放入冰箱冷藏。

3. 水果與蔬菜鋪入盤中，淋上醬汁即可食用。

美容小站

草莓中的檸檬酸和維生素C極為豐富，對皮膚粗糙和易長青春痘者，有潔淨肌膚的功效。而楊桃的熱量低、水份豐富，是相當好的瘦身食材。

聰明下廚吃美美

■　自製沙拉醬以乾燥無油的保鮮盒冷藏，放入冰箱可保存3天。

〈美白肌膚〉

煙燻起士蔬菜沙拉

2 人份　1人份卡洛里：167Kcal

材料：紅蕃茄1/2粒　哈密瓜2片　紫色荷蘭萵苣1片　綠色波士頓萵苣葉4片
煙燻起士3片.

醬汁：低脂沙拉醬20g.　酸黃瓜5g.　檸檬皮泥1/2小匙　黃色法式芥末
醬1小匙　新鮮檸檬汁1大匙　黑胡椒粉1/8小匙　冷開水50c.c.

做法：

1. 將醬汁材料的酸黃瓜切細丁，與其餘醬汁拌勻備用。

2. 蕃茄洗淨切片狀，哈密瓜去籽削去外皮，切成長條片狀，蔬菜洗淨瀝去水份。

3. 將蕃茄、哈密瓜和蔬菜鋪入盤中，排入起士片，淋上醬汁即可食用。

聰明下廚吃美美

■　哈密瓜搭配煙燻口味的起士或燻鮭魚，口味相當獨特且開胃。一般餐廳會以這道料理作為前菜，搭配開胃酒享用。

〈美白肌膚〉草莓水果沙拉

〈美白肌膚〉煙燻起士蔬菜沙拉

〈纖體瘦身〉

鮭魚菠菜沙拉

=====================

② 人份　1人份卡洛里：232Kcal

材料：

鮭魚1片（50g.）　　菠菜20g.　　紫色高麗菜5g.
洋蔥5g.　黑橄欖2粒　橄欖油1大匙

醃料：

橄欖油1大匙　黑胡椒粉1/8小匙　鹽1/8小匙

醬汁：

葡萄柚汁、檸檬汁各1大匙　柴魚醬油2大匙　芝麻
油1小匙　果糖1小匙　冷開水1大匙

做法：

1. 鮭魚洗淨，以紙巾吸乾多餘的水份，放入醃料
   中靜置入味。

2. 菠菜、紫高麗菜洗淨瀝乾水份，剝成片狀鋪
   入盤內。洋蔥切細絲，放入冰水中浸泡以去
   辛辣。

3. 平底鍋以中小火預熱，加入橄欖油，放入鮭
   魚，蓋上鍋蓋煎成兩面金黃，隨即取出，以紙
   巾吸去油漬，待稍涼時以叉子搗成碎泥狀，撒
   在菠菜上。

4. 洋蔥取出，以紙巾拭乾水份，撒在鮭魚上，黑
   橄欖切薄圓片撒上，再淋上拌勻的醬汁即成。

纖體小站

菠菜含豐富的葉酸和礦物質，身體虛弱、貧血的女
生要多多攝取；尤其鉀能維持心臟肌肉、腎臟、神
經系統和腸胃系統正常運作。

〈潤澤肌膚〉

香料雞肉沙拉

=====================================

② 人份　1人份卡洛里：200Kcal

材料： 雞胸肉100g．　　紅甜椒1/4個　　小蕃茄3粒
紫色荷蘭生菜4片　　綠色荷蘭生菜

醃料： 百里香1支　　黑胡椒粉1/2小匙　　淡色醬油
1小匙　　鹽1/4小匙　　橄欖油2大匙

醬汁： 橄欖油1大匙　　檸檬汁1大匙　　檸檬皮泥
1/2小匙　　蜂蜜1小匙　　冷開水1大匙

做法：

1. 雞胸肉洗淨，以紙巾吸乾多餘的水份，依序將
   百里香、黑胡椒粉、淡色醬油和鹽料抹在雞胸
   肉上，紅甜椒洗淨，和雞胸肉一起放入橄欖油
   中浸漬。

2. 平底鍋以中火預熱，將紅甜椒、雞胸肉和橄欖
   油、醃料一起放入鍋中，蓋上鍋蓋以中小火煎
   熟，隨即取出，以紙巾吸去油漬，待稍涼時切
   薄片。

3. 蕃茄、生菜洗淨瀝乾水份，鋪在盤中，放上雞
   肉片，淋上拌勻的醬汁即成。

美容小站

雞肉含豐富的蛋白質，瘦
身時可選擇去皮的雞胸
肉，營養又低卡。烹調時
盡量注意少油少鹽，並以
紙巾拭去油漬。

〈纖體瘦身〉

香煎馬鈴薯
三色沙拉

----

1 人份　1人份卡洛里：**208Kcal**

材料：馬鈴薯1/2個　吉康菜20g.　綠色花椰菜50g.　胡蘿蔔30g.　橄欖油1大匙

醬汁：煮熟蛋黃1粒　橄欖油1大匙　柳橙汁30c.c.　白酒醋1大匙　黑胡椒粉少許　冷開水100c.c.

做法：

1. 鍋中水煮開，加入1/2小匙的鹽和橄欖油。馬鈴薯連皮洗淨，切成厚角片狀2塊，放入滾水中煮5分鐘，取出以紙巾吸乾水份。

2. 胡蘿蔔切片放入同一鍋中，以中火煮1分鐘，再放入綠椰菜同煮約20秒，一起取出，瀝乾水份，和洗淨瀝乾的吉康菜排入盤中。

3. 平底鍋以小火預熱，加入橄欖油，將馬鈴薯煎成金黃色，隨即取出，以紙巾吸去油漬，放入盤中。

4. 醬汁充分拌勻淋入，可點綴蔓越莓果乾裝飾。

纖體小站

胡羅蔔中的 β 胡蘿蔔素須熟化並搭配少許油脂，才有益人體吸收；所以胡蘿蔔要熟食才容易吸收養份。

聰明下廚吃美美

■　吉康菜白白嫩嫩的，有一種極特殊的苦味，搭配沙拉醬享用非常可口。

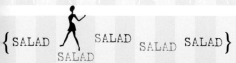

QUICK009

國家圖書館出版品預行編目資料

瘦身沙拉：怎麼吃也不怕胖的沙拉和瘦身食
物／郭玉芳 著. -- 初版. -- 台北市：
朱雀文化，2004〔民93〕
　　面； 公分. --（QUICK；009）

ISBN 986-7544-14-5 　　（平裝）

1. 食譜

427.1　　　　　　　　　　93009674

QUICK009

瘦身沙拉

怎麼吃也不怕胖的沙拉和瘦身食物

作者	郭玉芳
審定	黃煦君
文字編輯	藍律菊
美術編輯	芥　末
企畫統籌	李　橘
發行人	莫少閒
出版者	朱雀文化事業有限公司
地址	北市基隆路二段13-1號3樓
電話	02-2345-3868
傳真	02-2345-3828
劃撥帳號	19234566 朱雀文化事業有限公司
e-mail	redbook@ms26.hinet.net
網址	http://redbook.com.tw
總經銷	展智文化事業股份有限公司
ISBN	986-7544-14-5
初版一刷	2004.07
定價	230元
特價	199元
出版登記	北市業字第1403號

{SALAD SALAD SALAD SALAD}
SALAD

Salad:
瘦身沙拉

{ SALAD   SALAD   SALAD   SALAD }
       SALAD   SALAD

Salad:
瘦身沙拉